国家出版基金项目
NATIONAL PUBLICATION FOUNDATION

法国国家附件

Eurocode 8：
结构抗震设计

第1部分：一般规定、地震作用和房屋建筑规定

NF EN 1998-1/NA

［法］法国标准化协会（AFNOR）

欧洲结构设计标准译审委员会　**组织翻译**

张朋举　　**译**

邓　翔　　**一审**

刘　宁　周　瑞　　**二审**

人民交通出版社股份有限公司

北　京

版 权 声 明

图书在版编目（CIP）数据

法国国家附件 Eurocode 8：结构抗震设计. 第 1 部分：一般规定、地震作用和房屋建筑规定 NF EN 1998-1/NA ／法国标准化协会（AFNOR）组织编写；张朋举译. — 北京：人民交通出版社股份有限公司,2019.11

ISBN 978-7-114-16191-9

Ⅰ．①法…　Ⅱ．①法…②张…　Ⅲ．①建筑结构—防震设计—建筑规范—法国　Ⅳ．①TU352.104

中国版本图书馆 CIP 数据核字（2019）第 301039 号

著作权合同登记号：图字 01-2019-7778

Faguo Guojia Fujian Eurocode 8：Jiegou Kangzhen Sheji Di 1 Bufen：Yiban Guiding Dizhen Zuoyong he Fangwu Jianzhu Guiding

书　　名	法国国家附件　Eurocode 8：结构抗震设计　第 1 部分：一般规定、地震作用和房屋建筑规定 NF EN 1998-1 ／NA
著 作 者	法国标准化协会（AFNOR）
译　　者	张朋举
责任编辑	钱　堃　屈闻聪
责任校对	刘　芹
责任印制	刘高彤
出版发行	人民交通出版社股份有限公司
地　　址	（100011）北京市朝阳区安定门外外馆斜街 3 号
网　　址	http://www.ccpress.com.cn
销售电话	（010）59757973
总 经 销	人民交通出版社股份有限公司发行部
经　　销	各地新华书店
印　　刷	北京建宏印刷有限公司
开　　本	880×1230　1/16
印　　张	2.75
字　　数	54 千
版　　次	2019 年 11 月　第 1 版
印　　次	2024 年 10 月　第 2 次印刷
书　　号	ISBN 978-7-114-16191-9
定　　价	50.00 元

（有印刷、装订质量问题的图书，由本公司负责调换）

出 版 说 明

包括本标准在内的欧洲结构设计标准(Eurocodes)及其英国附件、法国附件和配套设计指南的中文版,是 2018 年国家出版基金项目"欧洲结构设计标准翻译与比较研究出版工程(一期)"的成果。

在对欧洲结构设计标准及其相关文本组织翻译出版过程中,考虑到标准的特殊性、用户基础和应用程度,我们在力求翻译准确性的基础上,还遵循了一致性和有限性原则。在此,特就有关事项作如下说明:

1. 本标准中文版根据法国标准化协会(AFNOR)提供的法文版进行翻译,仅供参考之用,如有异议,请以原版为准。

2. 中文版的排版规则原则上遵照外文原版。

3. Eurocode(s)是个组合再造词。本标准及相关标准范围内,Eurocodes 特指一系列共 10 部欧洲标准(EN 1990 ~ EN 1999),旨在为房屋建筑和构筑物及建筑产品的设计提供通用方法;Eurocode 与某一数字连用时,特指EN 1990 ~ EN 1999 中的某一部,例如,Eurocode 8 指 EN 1998 结构抗震设计。经专家组研究,确定 Eurocode(s)宜翻译为"欧洲结构设计标准",但为了表意明确并兼顾专业技术人员用语习惯,在正文翻译中保留 Eurocode(s)不译。

4. 书中所有的插图、表格、公式的编排以及与正文的对应关系等与外文原版保持一致。

5. 书中所有的条款序号、括号、函数符号、单位等用法,如无明显错误,与外文原版保持一致。

6. 在不影响阅读的情况下书中涉及的插图均使用外文原版插图,仅对图中文字进行必要的翻译和处理;对部分影响使用的外文原版插图进行重绘。

7. 书中涉及的人名、地名、组织机构名称以及参考文献等均保留外文原文。

特别致谢

本标准的译审由以下单位和人员完成。河南省交通科学技术研究院有限公司的张朋举承担了主译工作,河南省交通科学技术研究院有限公司的邓翔、中交第一公路勘察设计研究院有限公司的刘宁、周瑞承担了主审工作。他(她)们分别为本标准的翻译工作付出了大量精力。在此谨向上述单位和人员表示感谢!

欧洲结构设计标准译审委员会

欧洲结构设计标准译审委员会总体组

ISSN 0335-3931

NF EN 1998-1/NA

2013 年 12 月 20 日

分类索引号：P 06-030-1/NA

ICS：91.080.01；91.120.25

法国标准

法国国家附件
Eurocode 8：结构抗震设计
第 1 部分：一般规定、地震作用和房屋建筑规定
NF EN 1998-1 /NA

英文版名称：Eurocode 8—Design of structures for earthquake resistance—Part 1：General rules，seismic actions and rules for buildings—National annex to NF EN 1998-1：2005—General rules，seismic actions and rules for buildings

德文版名称：Eurocode 8—Auslegung von Bauwerken gegen Erdbeben—Teil 1：Grundlagen，Erdbebeneinwirkungen und Rwgwln für Hochbauten—Nationaler Anhang zu NF EN 1998-1：2005—Grundlagen；Erdbeneinwirkungen und Regein für Hochbauten

发布	法国标准化协会（AFNOR）主席决定，本国家附件替代 2007 年 12 月发布的 NF EN 1998-1/NA。
相关内容	本国家附件发布之日，不存在相同主题的欧洲或国际文件。
提要	本国家附件对 NF EN 1998-1：2005 进行了补充，NF EN 1998-1：2005 是 EN 1998-1：2004 在法国的适用版本。本国家附件定义了 2005 年 9 月发布的 NF EN 1998-1：2005 在法国的适用条件，NF EN 1998-1：2005 引用了 EN 1998-1：2004。
关键词	**国际技术术语**：建筑、土木工程、结构、抗震施工、抗震设计、建造规定、计算、验证、安全、风险、基础、混凝土、砌体结构、木工结构、钢结构、土、应力分析、材料强度、极限、特性、尺寸。
修订	与 2007 年 12 月发布的 NF EN 1998-1/NA 相比，编写组对本国家附件进行了修订。修订或增加的条款：3.1.2(1)注；3.2.1(4)注；3.2.2.1(8)注；3.2.2.5(4)P 注；4.2.4(2)P 注；4.4.2.5(1)P；4.4.2.5(3)；4.4.2.7(2) 注；5.3.1(1)；5.3.2(1)P；5.4.1.1(3)P；5.4.1.2.5(1)P；5.4.2.5(3)P；5.4.3.5.2(4)；5.4.3.5.3(4)；5.6.3(3)P；5.8.2(3)注；5.8.2(4)注；5.11.1.3.2(3)；6.1.2(1)P 注 1；6.1.2(1)P 注 2；6.2(7)注；7.1.2(1)P 注 2；9.2.2(1)注；9.2.4(1)注；9.3(2)注 1；9.3(4)注 2；9.5.3(5)；9.5.3(8)；9.7.2(1)和图 9.3NF；9.7.2(3)f)；9.7.2(5)。
勘误	删除的条款：条款 5.4.1.2.2(1)；AN 4。

法国标准化协会（AFNOR）出版发行—地址：11，rue Francis de Pressensé—邮编：93571 La Plaine Saint-Denis

电话：+ 33(0)1 41 62 80 00—传真：+ 33(0)1 49 17 90 00 — 网址：www.afnor.org

标　　准

标准是经济、科学、技术和社会相关各方的基础。

本质上而言,采用标准是自愿的。合同中有约定时,标准则对签订合同的各方均有约束力。法律可以规定强制实施全部或部分标准。

标准是在考虑了所有利益相关代表方的标准化机构内达成一致意见的文件。标准在被批准前,会被提交给公共咨询机构。

为了评估标准随时间变化的适用性,需要定期审查标准。

任何标准自标准首页所指明的日期起生效。

标准的理解

读者需注意以下几点:

使用词语"应"是用来表达某一项或多项规定应被满足。这些规定可以出现在标准的正文中,或在所谓的"标准的"附录中。在试验方法中,使用祈使语气的表述对应此项规定。

使用词语"宜"是用来表示一种可能性,这种可能性被优先考虑,但不是必须按本标准执行的。词语"可"是用于表述一种可行的,但不是强制性的忠告、建议或许可。

此外,本标准可能提供补充信息,旨在使某些内容更易于理解和使用,或阐明这些内容如何被应用,这些信息并不是以定义某项规定的形式给出。这些信息以附注或附录的方式提供。

标准化委员会

标准化委员会具备相关的专业知识,在指定的领域内工作,为提出相关的法国标准做准备工作,并可确立法国在欧洲和国际相关标准草案方面的突出地位。本委员会也可能在试验标准和技术报告方面做相关的准备工作。

如果读者想对本文件反馈任何意见,提供建议性变动或欲参与本标准的修订,请发邮件至"norminfo@ afnor. org"。

如果编制委员会的专家所属机构不是其常属机构,则以下表中的信息为准。

抗震结构设计分委员会　AFNOR CN/PS

标准化委员会

主席：PECKER　　　先生

秘书：SMERECKI　　　先生—AFNOR

委员：（按姓氏、先生/女士、单位列出）

AMIR—MAZAHERI	先生	DAM DESIGN
ARIBERT	先生	INSA
ASHTARI	先生	APAVE
BAHEUX	先生	ENTREPOSE CONTRACTING
BEAUFORT	先生	CAPEB
BISCH	先生	EGIS INDUSTRIE（ASSO FRANCAISE GENIE PARASISMIQUE）
BLAS	先生	DGALN—DG AMENAGEMENT LOGEMENT NATURE
CAILLAT-MAGNABOSCO	女士	AFNOR
CHENAF	先生	CSTB
CHEZE	先生	CTMNC
COIN	先生	EGF BTP—ENTREPRISE GENERALES FRANCE
DAVIDOVICI	先生	DYNAMIQUE CONCEPT
DE CHEFDEBIEN	先生	LIGERIENNE BETON（FIB—FED INDUSTRIE DU BETON）
DEMERCASTEL	先生	MAISONS GIRAUD（UNION DES MAISONS FRANCAISES）
DUPONT	先生	CTMNC
FAYE	女士	FCBA
FOURNELY	先生	POLYTECH—UNIV BLAISE PASCAL CLT FERRAND Ⅱ（IRABOIS）
GIANQUINTO	先生	MARIO GIANQUINTO
GRAU GIMENO	女士	CERIB
GUILLON	先生	YVES GUILLON
JALIL	先生	AMADEUS CONSULT

		（ASSO FRANCAISE GENIE PARASISMIQUE）
JUSTER-LERMITTE	女士	ARCADIS ESG
KOBAYASHI	女士	DGPR—DION GENERALE PREVENTION RISQUES
LABBE	先生	EDF
LAMADON	先生	BUREAU VERITAS
LANGEOIRE	先生	CEA
LE MAGOROU	先生	FCBA
LEMAIRE	女士	BNCM
MARTIN	先生	CTICM
MOUROUX	先生	PIERRE MOUROUX
OSMANI	女士	EIFFAGE CONSTRUCTION GES-TION&DEVELOPT （EGF BTP—ENTREPRISE GENERALES France）
PECKER	先生	GEODYNAMIQUE ET STRUCTURE SA
PILLARD	先生	UMGO—UNION MACONNERIE GROS CEUVRE
SAINTJEAN	先生	SOCOTEC FRANCE
SARI	先生	CTMNC
SOLLOGOUB	先生	CONSULTANT
THEVENIN	先生	BUREAU VERITAS
THOLLARD	先生	CSTB
THONIER	先生	EGF BTP—ENTREPRISE GENERALES FRANCE
TRUCHE	先生	FIMUREX （APA—ASSO PROF ARMATURIERS）
VEZIN	先生	NECS
WAGNER	先生	BNIB
WALTER	先生	GEODYNAMIQUE ET STRUCTURE SA

Groupe Reflet 的专家也参与了本国家附件的编写工作

组织者：BISCH　　先生

报告人：COIN　　先生

编辑组：（按姓氏、先生/女士、单位列出）

ARIBERT	先生	INSA de Rennes
ASHTARI	先生	CETEN-APAVE
CHENAF	先生	CSTB

de CHEFDEBIEN	先生	FIB
JALIL	先生	AFPS
LAMADON	先生	BUREAU VERITAS
MARTIN	先生	CTICM
OSMANI	女士	EIFFAGE
SAINTJEAN	先生	SOCOTEC
THEVENIN	先生	BUREAU VERITAS
TRUCHE	先生	FIMUREX (APA-ASSO PROF ARMATURIERS)

目　次

前言

（1）本国家附件确定了 NF EN 1998-1（2005 年 9 月发布）在法国的适用条件，分类索引号:P 06-030-1／NA,NF EN 1998-1 引用了 EN 1998-1:2004 及其附录 A～C。EN 1998-1:2004 由欧洲标准化委员会 2004 年 4 月 23 日批准,并于 2004 年 12 月实施。

（2）本国家附件由抗震结构设计分委员会（AFNOR CN/PS）编制。

（3）本国家附件：

—为 EN 1998-1:2004 的以下条款提供"国家定义参数"（NDP）并允许各国自行选择参数信息。如果没有,则由法国政府提供"国家定义参数"。

1.1.2(7) EN 1998-1 的适用范围

2.1(1)P 性态要求和遵从准则——基本要求

3.1.1(4)场地条件和地震作用——一般规定

3.1.2(1)场地条件和地震作用——场地类别划分

3.2.1(2)场地条件和地震作用——地震区划

3.2.1(4)场地条件和地震作用——地震区划

3.2.1(5)P 场地条件和地震作用——地震区划

3.2.2.1(4)场地条件和地震作用——地震作用的基本表示方法

3.2.2.2(2)P 场地条件和地震作用——水平弹性反应谱

3.2.2.3(1)P 场地条件和地震作用——竖向弹性反应谱

3.2.2.5(4)P 场地条件和地震作用——用于弹性分析的设计谱

4.2.3.2(8)房屋建筑的抗震性能——结构规则性准则

4.2.4(2)P 房屋建筑的抗震性能——可变作用组合系数

4.2.5(5)P 房屋建筑的抗震性能——重要性等级和重要性系数

4.3.3.1(4)结构分析——分析方法——一般规定

4.3.3.1(8)结构分析——分析方法——一般规定

4.4.2.5(2)安全性验算——承载力极限状态——水平楼盖的抗力

4.4.3.2(2)安全性验算——有限损坏状态——层间位移限制

I

9.3(3)砌体结构房屋的专门规定——结构和性能系数

9.3(4)表9.1 砌体结构房屋的专门规定——结构类型和性能系数

9.3(4)砌体结构房屋的专门规定——结构类型和性能系数

9.5.1(5)砌体结构房屋的专门规定——设计准则及施工规定

9.6(3)砌体结构房屋的专门规定——安全性验算

9.7.2(1)砌体结构房屋的专门规定——"简单砌体建筑"规定

9.7.2(2)b)砌体结构房屋的专门规定——"简单砌体建筑"规定

9.7.2(2)c)砌体结构房屋的专门规定——"简单砌体建筑"规定

9.7.2(5)砌体结构房屋的专门规定——"简单砌体建筑"规定

10.3(2)P 基础隔震——基本要求

—提供非矛盾性补充信息,以便于 NF EN 1998-1:2005 的应用。

—规定了 NF EN 1998-1:2005 的资料性附录 A 和 B 在建筑方面的使用条件。

(4)引用 EN 1998-1:2004 中的条款。

(5)本国家附件应配合 NF EN 1998-1:2005,并结合 EN 1990~EN 1999 系列 Eurocodes(NF EN 1990~NF EN 1999)及其各自的国家附件,以用于新建建(构)筑物的设计。在全部 Eurocodes 国家附件出版之前,如有必要,应针对具体项目对国家定义参数进行定义。

(6)如果 NF EN 1998-1 适用于公共或私人工程合同,则本国家附件亦适用,除非合同文件中另有说明。

(7)为明确起见,本国家附件给出了国家定义参数范围。本国家附件的其余部分是对欧洲标准在法国的应用进行的非矛盾性补充。

国家附件
（规范性）

AN 1　欧洲标准条款在法国的应用

注:条款编号与 EN 1998-1:2004 相同。

条款 1.1.2(7) 注

资料性附录 A 和 B 中的每一项资料的状况以 AN 2 和 AN 3 表示。

条款 2.1(1)P 注 1

P_{NCR} 和 T_{NCR} 的采用值由法国政府确定。

条款 2.1(1)P 注 3

P_{DLR} 和 T_{DLR} 的采用值由法国政府确定。

条款 3.1.1(4) 注

为确定地震作用,可使用表 3.1 中 A ~ E 级场地类别的默认场地参数,无需进行非地震作用设计所需的补充调查,当:

—或者工程处于低地震活动区划的情况;

—除非主管机关另行规定,结构重要性等级为 I 级或 II 级的工程,且项目经理认为已有足够多的场地勘察资料可分析出建设项目土体的性质及状态,则可确定可靠的场地类别。

根据 NF EN 1998-5 的 4.2.2(6),上述情况可使用 v_s 与各种岩土性质在经验上的相关性,例如静力贯入时的土体承载力或旁压模量,以便确定场地类别。

条款 3.1.2(1)注

场地的类别和参数 S 的值由法国政府确定。默认情况下取表 3.1 的类别和推荐值。

参数 T_B、T_C 和 T_D 的值由法国政府确定。

条款 3.2.1(2)注

A 类场地使用的 a_{gR} 值由法国政府确定。

条款 3.2.1(4)注

每种材料的结构类别、场地类别及地震区划,如必要,可在 NF EN 1998-1:2005 相应章节明确规定缩减或简化的设计程序。

条款 3.2.1(5)P 注

a_g 或 $a_g S$ 的采用值由法国政府确定。

条款 3.2.2.1(4)注 1

采用的反应谱形式由法国政府确定。

条款 3.2.2.1(8)注

若不考虑 NF EN 1998-5 中 5.4.1.2(2)提及的不同基础之间的关联性,则必须考虑同一建筑的两个基础之间的水平位移差的影响。应识别出产生水平位移差的多种原因。其中,可通过应用 NF EN 1998-2 的 3.3 来预估地震波交叉引起的误差。

条款 3.2.2.2(2)P 注

场地类别和反应谱类型采用的参数 S、T_B、T_C 和 T_D 的值由法国政府确定。

条款 3.2.2.3(1)P 注

场地类别和反应谱类型的参数 a_{vg}、T_B、T_C 和 T_D 的值由法国政府确定。

条款 3.2.2.5(4)P 注

建筑物参数 β 采用推荐值。

对于其他工程,β 值已在 NF EN 1998 相关部分的国家附件中确定。

条款 4.2.3.2(8) 注

无参考文件。

条款 4.2.4(2)P 注

对于 EN 1998-1 在法国的应用,φ 值为表 4.2 中推荐值,但考虑以下两个注意事项:

注 1:为了评估在计算地震作用的影响时要考虑的质量,平面及立面上所有相关面上的可变荷载由均布荷载值 $\psi_{Ei}Q_{ki}$ 替代。

注 2:通行道路宜采用:

桥式起重机的自身质量:$\varphi = 1$。

桥式起重机的起重质量:

—在水平方向上,$\varphi = 0$;

—在竖向方向上,$\varphi = 1$。

注:桥式起重机吊装的竖向荷载,若在 DPM(合同特别文件)没有不同于装载率和使用率的默认指示时,宜采用 $\psi_2 = 0.2$。

条款 4.2.5(5)P 注

γ_1 的采用值由法国政府确定。

条款 4.3.3.1(4)d) 注

对于未建设在抗震支座上的建筑,这些分析方法并无限制使用条件。但根据每种使用材料可在其相应章节提供必要的补充信息。

3

条款 4.3.3.1(8)注

除第Ⅳ级外,允许对所有重要性等级进行简化。

条款 4.4.2.5(1)P

无论楼盖(包括混凝土)的构成材料如何,并且无论选择何种延性等级(包括 DCL 和 DCM 类),都必须确保其具有足够的承载力。

条款 4.4.2.5(2)注

γ_d 采用推荐值。

条款 4.4.2.5(3)

5.10 的规定需遵守 4.4.2.5(1)P 规定执行。

条款 4.4.2.7(2)注

无论建筑使用何种材料,建议最小位移距离为 4cm。

条款 4.4.3.2(2)条注

ν 值由法国政府确定。

条款 5.2.1(5)P

DCM 和 DCH 延性等级的使用在地域上没有限制。

条款 5.2.2.2(10)

受益于增幅 20% 的可能性取决于以下条件:

—对于设计,裂缝部分的计算周期应通过适当的分析来证明,该分析从通过非简化方法计算的弹性基本周期开始;

—对于施工,质量计划应要求施工时系统地验算钢筋在临界区域设置的可靠性。所有进行的质量控制措施应确保其可溯。

条款 5.2.4(3)注 2

在设计地震作用下,用以评估截面抗震能力的 γ_M 值是偶然状况下的值。考虑作用的周期性特征和损坏风险,混凝土取 $\gamma_C = 1.30$。钢取 $\gamma_S = 1.00$。

条款 5.3.1(1)

DCL 的适用范围定义如下:

—根据 NF EN 1998-1 的 5.3 规定,DCL 适用于少地震活动区(法国领土 2 区)中重要性等级为Ⅲ类的建筑物;

—DCL 可延伸至重要性等级为Ⅱ级和Ⅲ级的建筑,以及在一般地震活动区(3 区)中,通过增加抗侧力构件(一类构件)达到下述条款要求的建筑。

—大尺寸少筋混凝土墙:5.4.3.5.3(4);

—混凝土框架结构中的抗震柱:NF EN 1998-1 的 5.6.2.1(2)P 和 NF EN 1992-1-1 的 9.5.3(3),取 $s_{c1,max} = (20cm;10d_L)$ 中的较小值,d_L 为纵向杆件的最小直径,并延伸至框架节点处;

—混凝土框架结构中的连梁:NF EN 1998-1 的 5.4.1.2.1 和 5.6.1(2)P;

—支撑非连续竖向构件的水平结构:NF EN 1998-1 的 5.4.1.2.5(1)P;

—重要性等级为Ⅳ级的建筑不能使用 DCL 延性等级。

条款 5.3.2(1)P

须注意,A 等级钢筋可作为下述钢筋使用:

—圈梁或系梁中纵向钢筋的箍筋等类似起到架立作用的钢筋;

—根据最低构造要求布置的墙内钢筋,如抗扭筋或钢筋网,不包括墙内圈梁临界区域的最低配置钢筋;

—仅承受重力荷载的板内钢筋;

—楼板和抗侧力构件连接处的抗剪力钢筋,考虑其抗剪作用,4.4.2.5(2)的超强系数 γ_d 值需提高 40%。

条款 5.4.1.1(1)P

在 $a_g S$ 大于 $3m/s^2$ 的特定位置中,最小混凝土强度等级 C16/20 应提高至 C20/25。

条款 5.4.1.1(3)P

须注意,在不违反 NF EN 1998-1 中 5.3.2(1)P 规定的情况下,也可使用 A 等级钢筋。

条款 5.4.1.2.5(1)P

(1)P 当深梁或转换层楼盖标高处上部由竖向抗侧力构件构成的墙体为非连续,且没有支撑在其他竖向构件、墙或柱上,深梁或转换层楼盖应具有足够的刚度和适当的承载力裕度。

注:需要注意的是,良好的抗震结构框架设计应能避免墙体上下发生转换,如果由于该局部用途或空间组织而无法避免这种转换,设计者应尽量减少抗震结构框架在平面和立面上的不规则性,同时尽量在平面上达到对称。当转换层楼盖下方有刚度较差的钢架类抗震结构时,在地震作用下会产生类似倒立摆的效果,因此不建议使用此类结构[5.1.2(1)和5.2.2.2(2)]。

(2)下文未对同一建筑若干楼层内均出现转换层和深梁的情况进行规定。

(3)楼盖在平面上作用和横隔板类似,应根据 4.4.2.5 和 5.10 确定尺寸。

(4)宜利用深梁支撑竖向非连续墙,以便作用传递,且应遵守如下规定:

a)深梁的跨高比不应大于 3;

b)起转换作用的深梁属于抗震结构构件,但基于 DCL 延性等级进行的整体设计,抗震结构不应包含抗震梁。

c)在起转换作用的深梁的受力计算中,由深梁支撑的墙产生的力和弯矩应乘以系数 γ_{Rd}:

——当非连续的延性墙符合 5.1.2(1) 的规定时,γ_{Rd} 取 1.5 和 $(1.1 \times \Omega)$ 中的较大者,但不大于用于考虑地震成分的性能系数 q;

注:系数 Ω 在 4.4.2.6(4) 中定义,它与所承载的墙产生的 M_{Rd}/M_{Ed} 比有关。

——根据 5.1.2(1),当非连续墙是大尺寸少筋混凝土墙时,γ_{Rd} 取 1.5 和 $(1+q)/2$ 中的较大值。

注:请注意,应验算荷载传递在非连续墙和直接支撑其的深梁之间的合理性。

d)根据符合 NF EN 1992-1-1 中 5.3.1(3) 的隔板-梁模型或根据符合 NF EN 1992-1-1 中 5.6.4 的斜压杆-拉杆模型,来确定深梁的尺寸;

e)当起转换作用的深梁具有一个和多个洞口时,宜考虑剪力作用产生的变形,其相对于挠度的整体刚度应大于跨高比为 3 的无开洞深梁的整体刚度。在承载力复核时应注意洞口影响。

注:当深梁上有开洞时,应尤其注意其多边形斜压区的精确划分,以便复核在任何一点所产生的应力及其所对应的钢筋布置情况。

(5)当转换层下部的抗震结构框架为框架系统[5.1.2(2)],该转换层上下的水平传递刚度之比应大于4,该建筑整体分析时所取特性系数应不大于2.0。

条款 5.4.2.4(8)图 5.4

将 B 尺寸修正为:$V_{mur,sommet} \geqslant V_{mur,base}/2$。

条款 5.4.2.5(3)P

对需要复核的正截面,从其弯矩图和轴力图开始,步骤如下:

—移动图中曲线以便获得符合 5.4.2.5(4)中规定的轴力(与此同时,与其相对关弯矩也会因此而改变);

—在增加轴力时,记录混凝土受压产生的收缩变形,以及减少轴力时钢筋的伸长量;

—然后将这些值与 NF EN 1992-1-1 及其国家附件允许的变形限值进行比较,混凝土应符合 5.4.3.5.1(4)中 5.4.3.5.1(4)的规定。

条款 5.4.3.2.1(2)

只有计算中所考虑的钢筋为角筋时,可使用这种简化。

条款 5.4.3.5.2(1)注

选用值是 NF EN 1992-1-1 及其国家附件规定的值。

条款 5.4.3.5.2(4)

—NF EN 1998-1 中 5.4.3.5.2(4)作为 NF EN 1992-1-1 中 6.2.5 的注,并未给出 6.2.5(5)在抗震设计状况下使用的特殊条件。6.2.5(5)规定,在疲劳荷载或动力荷载的状况下,6.2.5(1)中给出的 c 值应除以 2。建议将该条款应用于抗震设计状况,从而将适用于混凝土抗拉强度的粗糙度系数"c"除以 2。

—以下规定补充了 NF EN 1992-1-1 及其国家附件中关于在全正截面情况下 6.2.5 的适用规定:

—在临界区域,无须考虑用于抵抗复合弯曲(拉伸和/或压缩)的钢筋及墙端的箍筋;

—无须考虑墙的腹板(有板的侧墙的一部分)的压缩和/或拉伸钢筋。

条款 5.4.3.5.3(4)

为了满足要求 a)、b)和 c),宜满足以下条件:

在常规区域:

—竖向混凝土加强柱,包括洞口边缘的构造柱,配置 4 根直径 10mm 钢筋及直径 6cm 的箍筋,其间距应不大于 10cm;

—洞口附近配置 2 根直径 10cm 的水平钢筋;

—每层楼盖外围的水平圈梁的钢筋面积应不小于 3cm²;

—墙与楼盖相接处的水平系梁的钢筋面积至少为 1.5cm² 或 0.28L(cm²),其中 L 为相邻墙间距离;

—当墙的顶部在其整个或部分范围内偏离最近的隔板超过 1m 时,与水平系杆相同类型的系梁(可能是倾斜的)将被配置在十字隔墙/楼板中。

临界区域是指墙底部、墙层高处及相对于临墙末端收缩超过 1m 的区域:

—墙端混凝土加强柱应选用 4 根直径 12cm 的钢筋及直径 6cm 的箍筋,间距不大于 10cm。

条款 5.6.3(3)P

在实际情况中,h 是横截面的高度而不是最小的横向尺寸(参见 NF EN 1998-1 中 1.6.4 的符号定义)。

此高度为发生弯曲平面上的高度。

条款 5.8.2(3)注

最小值取:

在不大于 3 级的情况下,$b_{w,min}=0.15m$ 和 $h_{w,min}=0.20m$,或 $b_{w,min}=0.20m$ 和 $h_{w,min}=0.15m$。

在大于 3 级的情况下,$b_{w,min}=0.30m$ 和 $h_{w,min}=0.30m$。

8

条款5.8.2(4)注

在不大于3级的情况下,有基础梁的混凝土板宽度不少于0.3m,在大于3级的情况下,其宽度应不少于0.4m,其厚度和每面配筋面积最小值取 t_{min} = 0.12m和 $\rho_{s,min}$ = 0.2%。

另外,还必须保证基础梁每个最小配筋面积为3cm²。

此外,当砌体结构低于9.7的要求,且当 $a_g S$ 大于2.0m/s² 时,最小钢筋面积应提高至4.5cm²。

条款5.8.2(5)注

$\rho_{b,min}$ 仅与其连接作用的基础梁有关时,其值取 $\rho_{b,min}$ = 0.2%/面,即0.4%。此外,应注意其最小配筋面积为3cm² 的要求。

对于承重墙或起抗侧力墙下的系梁,其最小配筋面积为3cm²。

此外,当砌体结构低于9.7要求,且当 $a_g S$ 大于2.0m/s² 时,最小钢筋面积应提高至4.5cm²。

条款5.11.1.3.2(3)

根据本标准5.3.1(1)中规定的条件,可考虑将DCL延性等级用于预制件建造的建筑。

条款5.11.1.4(1)

k_p 取推荐值。

条款5.11.1.5(2)

A_p 取推荐值。

条款5.11.2.1.2(3)

—在梁柱销接情况下,在临界区域中加入过渡区域,且在弹性变形范围内,该连接方式允许相关构件的纵向钢筋进行弯折,其被认为符合 5.11.2.1.2(3)规定。临界区域可加入一段规定长度的锚固钢筋来保证梁柱连接的可靠性。过渡段应保持与其相邻临界区域一致的约束。

——在柱-基础杯型连接情况下,通过延长连接部分,确定符合 5.6.1(3)P 的纵向钢筋锚固长度的距离,其符合 5.11.2.1.2(3)规定。

条款 5.11.3.4(7)e)

$\rho_{c,min}$取推荐值。

条款 6.1.2(1)P 注 1

表 6.1 中 DCL 延性等级的 q 取 1.5。但如有适当证明,亦可取 $q = 2.0$(见注 2)。

条款 6.1.2(1)P 注 2

DCL 延性等级的应用条件在 BNCM 于 2013 年 1 月 31 日发布的 CNC2M-N0035 号文件"关于无耗能或低耗能钢结构和钢-混凝土结构的抗震设计的建议"中定义。

条款 6.1.3(1)P 注 1

依据 NF EN 1993-1-1 的定义及注,系数 $\gamma_s = \gamma_M$,取值如下:

——横截面的承载力(任何截面等级):$\gamma_{M0} = 1.00$;

——钢筋失稳承载力:$\gamma_{M1} = 1.00$;

——横截面抗拉强度:

   非耗能钢筋,则 $\gamma_{M2} = 1.15$;

   耗能钢筋,则 $\gamma_{M2} = 1.25$;

——连接处承载力(在轴向压力作用下):

   螺栓、焊缝、钢板承载力:$\gamma_{M2} = 1.15$;

   螺栓抗剪承载力:$\gamma_{M3} = 1.10$。

条款 6.2(3)a)注 2

对于 6.2(1)P 所包含的钢材,γ_{ov} 的保留值如下:

对于 S 235 钢,$\gamma_{ov}=1.20$;

对于 S 355 钢,$\gamma_{ov}=1.15$;

对于 S 420 和 S 460 钢,$\gamma_{ov}=1.05$。

条款 6.2(7)注

如果项目中没有更严格具体的要求,下文给出了使用 NF EN 1993-1-10 的信息。

耗能区的钢筋和焊缝应在脆性断裂处具有最小的韧性。

a)钢材质量等级根据板材的厚度、地震带区域结构的延性等级和该结构所处的海拔进行分类。不需要定义结构的使用温度,但需对外部温度下的建筑和有供热的建筑加以区分。

海拔(H)	按 NF EN 1998-1 延性等级的结构	钢材厚度(mm)	钢材质量等级
	外部温度下的结构		
	DCL(低)	$t \leqslant 50$	JR
$H < 500$m	DCM(中)	$t \leqslant 30$	J0
		$30 < t \leqslant 50$	J2
	DCH(高)	$t \leqslant 30$	J2
		$30 < t \leqslant 50$	K2,M,N
	DCL(低)	$t \leqslant 50$	J0
$500 \leqslant H \leqslant 100$m	DCM(中)	$t \leqslant 30$	J2
		$30 < t \leqslant 50$	K2,M,N
	DCH(高)	$t \leqslant 50$	K2,M,N
		$30 < t \leqslant 50$	L2,ML,NL
	控制温度下或处于 DOM 下的(高温)结构		
	DCL(低)	$t \leqslant 50$	JR
	DCM(中)	$t \leqslant 30$	JR
		$30 < t \leqslant 50$	J0
	DCH(高)	$t \leqslant 30$	J0
		$30 < t \leqslant 50$	J2

备注：

JR : $K_{v(\text{mim})} = 27\text{J à} + 20℃$

J0 : $K_{v(\text{mim})} = 27\text{J à} + 0℃$

J2 : $K_{v(\text{mim})} = 27\text{J à} - 20℃$

K2、M、N : $K_{v(\text{mim})} = 40\text{J à} - 20℃$

L2、ML、NL : $K_{v(\text{mim})} = 60\text{J à} - 20℃$

b) 在构件的耗能区(例如,连梁、三角形支撑杆)内传递力时,所有耗能结构的"敏感"焊接应满足其所耗接金属的韧性要求。"敏感"焊接为受耗能直接影响的焊接。

对于耗能区连接处的"敏感"焊接,根据结构的延性等级,其要求如下:

结构延性等级	"敏感"焊缝要求
DCM(中)	—该填充金属的韧性不低于被焊金属的韧性,且要进行 QMOS + R 检查。 —或者:填充金属的韧性不低于被焊金属的韧性并且要进行 QMOS + R 检查。
DCH(高)	—该填充金属的韧性不低于被焊金属的韧性,且要进行 QMOS + R 检查。
说明:QMOS 为焊接操作模式质量控制;R 为夏比(Charpy)V 形(参见 NF EN ISO 148)冲击试验,试样来自焊接和受焊接热影响的区域。	

c) 所有用于低耗能结构(DCL 延性等级)的主要结构组件的焊缝应由填充金属制成,该填充金属的韧性至少等于基底金属的韧性,并且要经 QMOS 检查。

条款 6.7.4(2) 注 2

γ_{pb} 取 $0.7 N_{\text{b,Rd}}(\bar{\lambda})/N_{\text{pl,Rd}}$,其中 $N_{\text{b,Rd}}$ 为三角桁架受压斜杆屈曲设计承载力,是其弱化长细比 $\bar{\lambda}$ 的函数。

条款 7.1.2(1)P 注 1

6.1.2(1)P 中的注 1 指对钢-混凝土组合结构。根据 NF EN 1993 和 NF EN 1994-1-1 的要求复核该构件的承载力。

条款 7.1.2(1)P 注 2

DCL 延性等级的应用条件在 BNCM 发布的 CNC2M-N0035(31/01/2013)文件"关于非耗能或弱耗能钢结构和钢-混凝土组合结构的抗震设计建议"中定义。

对于钢-混凝土组合结构,尺寸原则 b)及 DCM 和 DCH 延性等级的使用不受特定限制。

条款 7.1.3(3)

对于连接的承载力,γ_v 的取值(如 NF EN 1994-1-1 中所定义)为 $\gamma_v = 1.15$。

条款 7.7.2(4)注

由于混凝土的性能会因柱类型有或多或少的退化,r 值取值如下:

空心型钢内填混凝土混合柱,$r = 0.5$;

I 型或 H 型钢翼缘部分填充混凝土混合柱,$r = 0.4$;

混凝土完全包裹 I 型或 H 型钢,其厚度应取 NF EN 1994-1-1 中 6.7.3.1(2)中规定的最大厚度,$r = 0.3$。

注:公式(7.13)和公式(7.14)对应于等效线性计算。

条款 8.3(1)P

DCM 延性等级没有使用限制条件。

注 1:目前不能利用科学知识及可靠的试验结果来确定选择延性等级 H。可钉墙板及可钉薄构件由钉子和螺栓组装后,其特性系数 q 可取不大于 3。

注 2:特性系数 q 不大于 3 会改变相同结构类型在表 8.2 中特性系数的取值。

条款 8.3(4)a)

应添加以下补充内容:

注 1:但是,这些规定在具有两个以上平面产生剪力的连接处不适用。

注 2:关于木-金属拼装时,宜确保扁平金属构件能够避免在其净截面内出现任何脆性断裂现象。

条款 9.1(2)P

地震区划上砌体结构的防震构造措施见 NF EN 1998-1 和本国家附件的规定。

如果这些结构被认为受限于地震作用外的规定,那么应满足 NF EN 1996-1-1 中相关的封闭结构分布要求。

条款 9.2.1(1)注

1、2、3 和 4 组构件可作为非抗震构件无限制使用,1、4 组构件可作为抗震构件无限制使用。

2、3 组的构件应包含可作为抗震构件使用的内部承重隔墙,由各种抗震板件组成的内部隔墙应全部处于一个共同竖向平面内。

条款 9.2.2(1)注

$f_{\text{b,min}} = 4\text{N}/\text{mm}^2$ 和 $f_{\text{bh,min}} = 1.5\text{N}/\text{mm}^2$。

对于密度大于或等于 $350\text{kg}/\text{m}^3$,厚度至少为 25cm 且用于建筑不超过两层的多孔混凝土砌块,使用值为 $f_{\text{b,min}} = 2.8\text{N}/\text{mm}^2$ 和 $f_{\text{bh,min}} = 2.8\text{N}/\text{mm}^2$。

条款 9.2.3(1)注

$f_{\text{m,min}}$ 取推荐值。

条款 9.2.4(1)注

砌块缝的有关标准如下:

—符合 NF EN 1996-1-1 中规定的纯砂浆勾缝可无限制使用;

—无勾缝砖缝;

—有机械嵌套装置的砌块间的无勾缝砖缝(见图 1)。

为了在抗震设计状况下使用,最后两个类别必须配置边缘垂直的对接块。

墙的抗剪承载力计算考虑了此铺设方法。

图 1 机械嵌套图示例

条款 9.3(2)注 1

符合 NF EN 1996-1-1 规定的非加筋砌体仅允许在法国 2 区使用。其还必须符合以下条件：

—天然石块砌筑；

—建筑物不超过 2 层；

—地基上高度不超过 6m 的建筑。

条款 9.3(2)注 2

无钢筋加固砌体结构使用天然石块时,且遵循注 1 规定的条件,$t_{\mathrm{ef,min}}$ 取值为推荐值,即 350mm。

条款 9.3(3)注

$a_{\mathrm{g,urm}}$ 值由法国政府确定。

条款 9.3(4)注 1 和表 9.1NF

保留的特性系数如下：

根据 NF EN 1996-1-1 规定的无钢筋加固砌体结构,$q=1.5$；

根据 NF EN 1996-1-1 和 NF EN 1998-1 规定的无钢筋加固砌体结构,$q=2.0$；

砖混结构,无论砖间是否竖向抹灰,$q=2.5^{*}$；

钢筋加固砌体结构,$q=3.0$。

*注:在结构质量计划符合下述 3 个条件时,q 的取值可适当增大,但不应超过 3.0:

—设计时,开裂弹性刚度应通过适当的分析来验算,因此不应只是简单地应用 4.3.1(7)。本条款不适用于 9.7 所涵盖的建筑;

—设计建筑超过一层(见表 9.3NF 的术语"层");

—施工时,质量计划尤其应对结构中的连接构件相交及重叠部分的正确施工进行系统的核查,参考适用于建设的细部构造文件,并根据此文件中提及的特殊要点进行公司内部培训。

对于混合建筑(具有混凝土抗侧力构件及砌体结构),可通过以下公式选择特性系数:

$1/q = \left[\sum (V_i/q_i)^2 / \sum V_i^2 \right]^{0.5}$,$V_i$ 和 q_i 分别为基础上的剪切力和元素 i 的特性系数。

条款 9.3(4)注 2

本国家附件不包括提供具有改善的延展结构的砌体体系情况。

条款 9.5.1(5)和表 9.2NF

如表 9.2 的图例中所定义的参数 $t_{ef,min}$、$(h_{ef}/t_{ef})_{max}$ 和 $(l/h)_{min}$ 的值,在表 9.2NF 中给出:

砌体类型	$t_{ef,min}$		$(h_{ef}/t_{ef})_{max}$	$(l/h)_{min}$
未加筋	350		9	0.5
	第 1 组	第 2、3、4 组		
链式或加筋	150	200	20	0.4

条款 9.5.3(5)

应在基础和屋盖高度位置分别设置水平圈梁:

—当扩大基础底部与首层楼板底部或首层楼板底部起连接作用的梁底部之间的距离小于 1m 时,可不设置圈梁。当房屋以伸出地面混凝土短柱或短桩为基础时,其首层底板上的墙及地下至首层底板的墙没有连续性,因此不适用此免置圈梁条件。

—对于不超过 1m 高的楼盖,可不在楼盖高度处下部设置圈梁。

条款 9.5.3(6)

当作用于多层建筑的地震加速度 $a_g \cdot S$ 大于 2.00m/s^2 时,9.7 中与砌体结构相关的值应由 300mm^2 扩大至 450mm^2。对于楼盖圈梁,该值为 300mm^2(及 450mm^2)的一半。

对于基础水平圈梁,应参考 5.8.2 的相关条款。

NF EN 1998-1 所要求的圈梁中纵向钢筋的最小弯曲直径是混凝土 C25/30 中相关钢筋直径的 10 倍,是混凝土 C30/35 或更高规格中相关钢筋直径的 8 倍。可进行拉压循环试验或地震受力模拟试验来验证较低卡盘直径的合理性,其中直径不小于钢筋直径的 4 倍。

条款 9.5.3(8)

在主要抗震构件(见 4.2.2)中,应使用符合 NF EN 1992-1-1 表 C.1 要求的 B 级或 C 级钢筋。

除此之外,A 级钢材可用于制作下述钢筋:

—起架立作用的钢筋,如圈梁中的箍筋;

—楼板中只承受重力荷载的钢筋;

—在楼板和抗侧力构件连接处使用的抗剪钢筋,在考虑隔板作用后,4.4.2.5(2)中的系数 γ_{d} 应在计算时扩大 40%。

条款 9.6(2)P

特别注意抗侧力墙或窗间墙允许开槽的条件。

设置在这些墙壁上的凹槽应呈现在适当的立面图中(位置、宽度、深度、长度和实现方式),并在安全检查中予以考虑。

允许通过参考 NF EN 1996-1-1 的 8.6 及其国家附件来证明这些开槽的合理性,但有以下附加要求:

—第 1 组砌体结构构件:所检查的开槽厚度指开槽后构件剩余有效厚度应不小于构件原始厚度的 3/4;

—第 2 组和第 3 组的砌体构件:所检查的开槽厚度应保证构件外壁的 3/4 不受开槽影响;

—第 4 组的砌体构件:同第 2 组和第 3 组的砌体构件要求。但在墙的全长范围内,抹灰砂浆不能完全覆盖的砌体构件除外。在后一种情况下,如果没有安全检查,不允许开槽。

禁止在立面图中未设置的开槽处开槽。

注:除另行咨询项目经理(或原项目经理),禁止国家机构、业主、场地占有者根据经验进行开槽。

条款9.6(3)注

> γ_M 和 γ_s 的保留值是推荐值。

条款9.7.1(1)

还应参考5.8.2的(3)、(4)和(5)。

条款9.7.1(2)

考虑场地条件的简单砌体房屋的审查不因不进行安全校核而免除。

特别注意,基于场地类别为 S1 和 S2 的建筑不在 9.7 的适用范围内。

条款9.7.2(1)和表9.3NF

> n 和 $p_{A,min}$ 根据表9.3NF取值,该表适用于砖混结构和钢筋加固砌体结构。
>
> 砌体结构构件的最小强度为 $4N/mm^2$(参见产品标准)。

表9.3　NF 根据 $a_g \cdot S$ 和阶段的数量和类型给出 $p_{A,min}$

楼层类型	楼层数	0.50m/s²	1.00	1.50	2.00	2.50	3.00
R + C	1	0.16	0.33	0.49	0.65	0.83	0.99
R + T	1	0.31	0.61	0.90	1.21	1.52	1.82
R + E + C	2	0.41	0.82	1.23	1.65	2.05	2.46
R + E + T	2	0.60	1.21	1.81	2.41	3.02	3.62
SS + R + C	2	0.49	0.98	1.47	1.96	2.45	2.94
SS + R + T	2	0.63	1.26	1.89	2.52	3.15	3.78
SS + R + E + C	3	0.63	1.25	1.89 ♥	2.51 ♥	3.13 ♥	3.76 ♥
SS + R + E + T	3	0.80	1.59	2.39 ♥	3.19 ♥	3.99 ♥	5.23 ♥
说明:R = 一楼;C = 屋顶;T = 平屋顶;E = 2 楼及以上;SS = 地下室							

注1:楼层应考虑如下情况:

—不适合居住的阁楼不应被视为楼层。阁楼宜居并因此算作楼层的,可不遵守9.7.2(5)

规定,该条款规定了相邻楼层之间的质量差。因此,本条款只适用于平屋顶;

——当地下室由于周围地坪倾斜,其外墙可见面积超过整个外墙面积一半时,该部分下埋地下室被视为一楼。

注2:墙的长度条件:

——在两个方向上,抗侧力墙的平均长度应至少为1.50m,除非(♥)标记标出了更严格的条件。

——在(♥)所示的情况下,抗侧力墙在两个方向上的平均长度应至少为2.50m。默认情况下,该墙的平均长度应至少为2.00m,前提是在两个较低楼层使用强度至少为$6N/mm^2$(见产品标准)的砌块。

——根据9.7.2(3)(e),一些抗侧力墙因考虑层高设置在较低楼层,而没有设置在高楼层。这在居住住宅中尤为常见,9.7.2(5)中对这种情况进行了处理。

——开洞的抗侧力墙视为并列设置的窗间墙,窗间墙长度应考虑在墙长内。

——未开洞的墙可视为参与抗侧力的墙[包括9.7.2(3)(b)的墙壁]:

　　——只有单独洞口的墙,只有门或窗的墙,以钢筋混凝土中抗剪钢筋边缘为边界;

　　——当墙开洞尺寸不超过$0.04m^2$,且边长比在1~2之间,该洞口距离其他洞口大于1m时,这类洞口无须另行加固。

注3:用于定义和使用$p_{A,min}$的值:

——每列数值之间的$a_g \cdot S$值可采用线性内插法取得;

——当使用系数$q=3.0$时,根据9.3(4)注1和表9.1NF中注规定的条件,表9.3NF的$p_{A,min}$值应除以1.2;

——对于厚度大于20cm的砌体构件建筑或房屋,在复核表9.3NF中的$p_{A,min}$的值时,应对厚度不大于20cm的砌体构件,指定折减系数为1.00,对厚度等于40cm的砌体构件,指定折减系数为0.67。中间折减系数值按厚度比例进行计算;

——对于$p_{A,min}$的估算,长度较短的窗间墙应采取折减系数对其值进行折减。当窗间墙长度为0.8m时,折减系数取2.4;当窗间墙长度为2.00m时,折减系数取1.00。当窗间墙长度为中间值时,按比例用线性内插法计算取值。当估算窗间墙平均长度时,不考虑长度折减(上述注2的破折号1和2)。

——注意:9.7.2(3)(b)可能会导致$p_{A,min}$值高于上述条件下获得的值。

条款9.7.2(2)b)

λ_{min}值取推荐值,即0.25。

条款 9.7.2(2)c)

p_{max} 值取推荐值。

注:p_{max} 是表面的比率。

条款 9.7.2(3)b)

注:该条款仍然有效,使用时应对与表9.3NF相关的条款进行再次复核。

条款 9.7.2(3)f)增补条款

当所有抗侧力墙上的开槽符合 NF EN 1996-1-1 的 8.6 及其国家附件中的条款时,可不进行开槽计算,但有以下附加要求:

——第 1 组砌体构件:开槽后应在墙上保持完好无损,且厚度至少等于原始厚度的 3/4;

——第 2 组和第 3 组的砌体构件:应保证构件外壁的 3/4 不被开槽所破坏;

——第 4 组的砌体构件:同第 2 组和第 3 组的构件要求,但在墙的全长范围内,抹灰砂浆不能完全覆盖的砌体构件除外。在后一种情况下,如果没有安全检查,不允许开槽。

此外,任何墙或者起抗侧力作用的窗间墙,在其两端竖向混凝土构件之间的墙体受压区具有一个或数个开槽,应扣除砌块有效开槽厚度重新估算墙厚,并将扣除后的值代入表9.3NF进行计算。质量计划中要求取 q=3 时,应在适当的立面图中呈现所需的开槽(位置、宽度、深度、长度和实现方式)。除在适当立面图中呈现的开槽外,不允许其他开槽。

注:除另行咨询项目经理(或原项目经理),不允许任何国家机构、业主、场地占有者根据经验进行开槽。

条款 9.7.2(5)

$\Delta_{m,max}$ 和 $\Delta_{A,max}$ 取值如下:$\Delta_{m,max}=20\%$(除了可居住阁楼,如表9.3NF 所示,在注 1 中的第一个破折号中)和 $\Delta_{A,max}=33\%$。

条款 10.3(2)P

γ_x 值取为推荐值。

AN 2 附录 A"位移弹性反应谱"在法国的应用

EN 1998-1:2004 附录 A 起资料性作用。

AN 3 附录 B"非线性静力(推覆)分析目标位移"在法国的应用

EN 1998-1:2004 的附录 B 起资料性作用。